AF299242

# LE GUIDE

## DU

# CULTIVATEUR

---

## Maladies des animaux -- leurs causes

## - leur traitement -

## TARBES

IMPRIMERIE St-JOSEPH, 24 BIS, RUE EUGÈNE-TÉNOT

— 1910 —

# LE GUIDE

## DU

# CULTIVATEUR

---

Maladies des animaux -- leurs causes

- leur traitement -

TARBES

*IMPRIMERIE S<sup>T</sup>-JOSEPH, 24 BIS, RUE EUGÈNE-TÉNOT*

— 1910 —

## AVANT-PROPOS

L'agriculteur ou le fermier ne pouvant posséder
toute la science vétérinaire, n'est-il pas indispensable de lui donner une connaissance sommaire
de tout ce qui concerne l'hygiène de son bétail et
les premiers soins à lui administrer dans les affec-
tions pressantes, en attendant l'homme de l'art?
Le plus souvent, hélas! il est abandonné à lui-
même et, toujours victime de la routine, ses plus
proches intérêts sont compromis.

Pour prévenir ces désastres, nous nous efforce-
rons de lui apprendre ce qu'il doit faire dans les
circonstances les plus critiques. Quand on se sert
des animaux, ne semble-t-il pas qu'on contracte
en même temps l'obligation de leur assurer, en
retour des services qu'ils rendent, des aliments
suffisamment réparateurs, des écuries, des étables
et des bergeries saines, bien aérées et bien éclai-
rées, de ne leur imposer que des travaux en rap-
port avec leur force, de n'exercer envers eux que
de bons traitements, et de mettre toujours la plus
grande activité à prendre toutes les précautions
pour les soulager dans leurs souffrances?

Les animaux ainsi traités deviennent dociles,
forts, faciles à conduire; ils rendent de bons et
longs services, donnent d'abondants produits et
leur progéniture est bien constituée. Si ces règles
ne sont pas scrupuleusement suivies, ils souffrent
et dépérissent; ils deviennent stupides et rétifs;
leurs produits n'ont ni qualité, ni quantité; leurs
petits sont chétifs et les pertes de l'agriculteur en
sont la conséquence.

# Maladies utiles à connaître

## POUR LES CULTIVATEURS

**Abcès du Garrot.** — TRAITEMENT. — Si la tumeur vient de se déclarer, user immédiatement des astringents : la craie délayée dans du vinaigre et appliquée comme une couche de plâtre. Renouveler deux ou trois fois pendant la journée. Si l'abcès est ancien, le recouvrir d'une couche d'onguent vésicatoire ; si le pus se montre, il faut agrandir l'ouverture au fer rouge pour faire deux injections d'alcool phéniqué à 70 grammes d'acide phénique par litre d'alcool, ouvrir l'abcès et faire des injections de teinture d'arnica ; utiliser la *Pommade Ménard*.

**Anémie.** — Etat morbide qui résulte de l'abaissement des globules du sang au-dessous de la proportion normale, caractérisée dans tous les cas par la faiblesse générale et la pâleur des muqueuses. Administrer la *Poudre Reconstituante* que l'on trouve dans toutes les pharmacies.

**Apoplexie.** — L'aplopexie, plus vulgairement appelée coup de sang, attaque plus fréquemment les animaux jeunes, gros, fortement nourris aux pois, aux fèverolles, aux trèfles et à la luzerne, que tous ceux tenus à la ration plus avare. La transition d'une riche alimentation à de copieuses rations est parfois la cause d'apoplexies désastreuses. Pour prévenir ces accidents fâcheux, il est nécessaire d'observer minutieusement son bétail, de saigner les sujets d'embonpoint excessif, d'amoindrir leurs rations, et par là, les mettre à l'abri de toutes mauvaises éventualités. Des saignées moins copieuses et répétées de temps en temps sont avantageuses aux apoplectiques ; il importe également de ne jamais soustraire à l'animal au-delà du tiers de sa quantité normale du sang. Il faut observer que les animaux maigres ont un grand dixième de sang de plus que les animaux gras ; et si ces derniers sont plus sujets à l'apoplexie, le sel donné à petites doses liquéfie le sang, les exite à boire davantage et les stimule. Des frictions, sur les extrémités, avec de l'ammoniaque, de l'essence térébenthine et des sinapismes aux mêmes régions sont encore recommandables.

**Appétit.** — On ne doit pas confondre l'appétit avec la faim ; l'appétit mène les animaux à la recherche des aliments et les rend aptes à les bien et avantageusement digérer. L'appétit, comme la faim, peut être exagéré : un cheval de culture et de bonne nature doit consommer, tant en foin qu'en avoine, 3 k. 800 grammes de nourriture par 100 kilos de son poids. Pour réveiller l'appétit manquant à certains tempéraments, il est bon de leur faire prendre la *Poudre Reconstituante et Stimulante*.

**Asphyxie.** — Ce mot, pris en étymologie, signifie cessation de la circulation. On en distingue différentes sortes : l'asphyxie par submersion, par strangulation, par simple manque d'air, par des gaz non respirables, par la fumée en cas d'incendie, et enfin l'asphyxie par la météorisation. L'asphyxie par manque d'air a pour cause un gonflement inflammatoire de la gorge, ou une lésion quelconque à la région des voies respiratoires. On évite l'asphyxie par gaz et fumée d'incendie en exposant l'animal au bon air et en lui faisant de petites saignées répétées et à courts intervalles. Quand à l'asphyxie par la météorisation, on la prévient en administrant au sujet attaqué une dose d'élixir *Météorifuge Brum*.

**Arthrite**. — Inflammation des articulations caractérisée par du gonflement et de la douleur ; en outre, dans les cas d'arthrite traumatique, par l'existence d'une fistule donnant abondamment du pus très fétide. Commencez les soins par une saignée moyenne. Purgez l'animal avec 300 grammes de sulfate de soude que vous ferez prendre pendant trois matins à jeun dans une tisane d'oseille. Administrer la *Poudre Reconstituante et Stimulante*.

**Avortement épizootique des vaches, des juments et des truies.** — Cet accident, dû à la faiblesse des femelles, se produit dans bien des contrées. Le seul moyen d'y remédier est de leur administrer de la *Poudre Antiostéoclastique*.

**Bouleture**. — Le boulet se porte en avant et l'appui du pied se fait en pince. L'articulation, douloureuse au début, devient indolente ; boiterie plus ou moins intense.

TRAITEMENT : mettre l'animal au repos, si possible au pré ; frictions, au début, avec de l'*Onguent Populeum*, soir et matin ; si le mal persiste, faire trois frictions et une par jour avec de l'*Onguent Fondant ;* enfin, la cautérisation au fer rouge comme dernière ressource.

**Bronchite**. — *Type aigu.* — Toux sèche, quinteuse, fréquente, respiration accélérée, mais régulière ; après quelques jours, la toux devient grasse et des matières glaireuses sont rejetées par le nez.

*Type chronique.* Respiration accélérée, mais incomplète ; jetage glaireux intermittent ; appétit conservé, amaigrissement général et poil piqué.

TRAITEMENT : Sétons au poitrail ; miel 500 grammes avec la *Béchique ;* fumigations émollientes, matin et soir, pendant 5 minutes.

RÉGIME : nourriture peu abondante, avoine cuite, boissons tièdes.

*Traitement du type chronique.* — Sétons au poitrail, fumigations d'encens pendant cinq minutes, matin et soir; à l'intérieur, administrer la *Poudre Béchique*. RÉGIME : Nourriture excellente.

**Brûlure.** — Etat d'une partie vivante qui a été en contact avec un corps solide chaud ou avec des liquides bouillants.

TRAITEMENT : Appliquer des réfrigérants ; eau froide, neige, glace, qu'on a le soin de renouveler souvent ; ou même encore pour calmer immédiatement la douleur et guérir promptement, utiliser la liqueur souveraine.

**Cachexie aqueuse du mouton.** — Appauvrissement du sang arrivé à ses dernières limites. Les veines du globe de l'œil sont très pâles et comme noyées ; faiblesse extrême du sujet ; soif intense ; sa laine tombe par plaques. Sous la ganache, symptôme caractéristique, se montre une tumeur oblongue, pleine de liquide ; une diarrhée persistante amène promptement la mort. Cette maladie est déterminée par l'absorption des œufs ou larves de distomes qui s'attachent aux plantes des pâturages humides.

TRAITEMENT PRÉVENTIF : 1° Dans les pays à sols granitiques, semer environ 2 hectares de chaux fusée sur les prairies humides ; dans les sols calcaires, employer de préférence le plâtre ; 2° Aérer les bergeries et ne jamais conduire les troupeaux aux champs sans leur avoir donné un peu de foin ou de paille ; 3° Tenir constamment du sel à leur disposition.

TRAITEMENT CURATIF : Boisson de feuilles de noyer. Faire prendre la *Poudre Reconstituante et Stimulante.*

**Chancres aux oreilles**. — Ulcérations recouvertes d'une croûte noirâtre aux oreilles des chiens de chasse et provoquées par le passage dans les haies.

Traitement : Bien laver le point malade au savon noir, appliquer pendant trois jours de suite l'*Onguent Mercuriel* en l'introduisant dans les moindres interstices de la plaie. Il est bon de mettre une sorte de bonnet ou de filet qui maintienne les oreilles. Administrer les *Pilules canicures Grimauld*.

**La chorée des porcs.** — Maladie très dangereuse. Cette maladie s'appelle aussi la *Danse de Saint-Guy*. L'homme ou l'animal exécutent des mouvements involontaires. Cette maladie attaque les jeunes chiens, les cochons et les chevaux. Les vétérinaires, dans leurs traités, reconnaissent qu'ils ne savent pas comment la soigner. A la fin de 1890 et au commencement de l'année 1891, le midi de la France a eu beaucoup à souffrir de cette maladie. Les vétérinaires appelés de toutes parts ne savaient où donner de la tête quand on s'est avisé d'administrer l'élixir *Météorifuge Brum* à ces animaux. Les résultats ont été satisfaisants.

Mode d'emploi de l'élixir météorifuge pour les porcs, chiens ou chevaux : Il suffit de faire prendre aux jeunes malades une cuillerée à café de notre *Elixir Météorifuge* dans un demi verre de lait frais ; battre le tout vigoureusement et faire prendre le plus doucement possible.

**Clous de rue**. — On nomme ainsi toutes les piqûres de la partie inférieure du pied, sole et fourchette. La gravité du mal varie selon la position de la piqûre.

*1ᵉʳ cas*. — Le clou dirigé en talons s'est enfoncé dans le coussinet du pied. Introduire dans le trou l'*Anti-Piétin* ; quelques bains froids avec du repos amènent une prompte guérison.

*2e cas*. — Le projet fistuleux se dirige en avant de la pointe de la fourchette. Même traitement.

*3e cas*. — Le clou situé à la pointe de la fourchette, même un peu arriéré, est entré verticalement ; il a dû atteindre l'articulation du pied, bains froids. Si le mal augmente et que le pli du paturon paraisse tuméfié, il faut enlever la corne au point d'ouverture de la fistule et la suivre jusqu'à son fond, puis pansement journalier à l'alcool phéniqué et à l'*Anti-Piétin*. Si le mal a gagné l'articulation du pied, ce qui se traduit au dehors par un gonflement exagéré au pli du paturon, il faut user de moyens énergiques. Muni d'un fer rouge bien appointé et de la grosseur du petit doigt, on fait une ouverture qui part de la fistule et va sortir au pied du paturon. L'articulation étant cariée, on peut l'atteindre sans inconvénient ; puis on glisse une mèche à séton enduite d'*Anti-Piétin* dans cette ouverture, et l'on pratique matin et soir une injection d'*Alcool Phéniqué*. L'ankilose de l'articulation est inévitable, mais la guérison est certaine.

**Coliques.** — CARACTÈRES GÉNÉRAUX : Douleurs vives, subits piétinements de l'animal qui se couche, se relève et cherche à se rouler, frappe du pied, regarde son flanc ; l'œil s'injecte, les muqueuses se colorent en rouge, la bouche devient brûlante ; sueur abondante. Le ventre se ballonne dans certains cas, l'excrétion de l'urine est suspendue, les reins sont insensibles au toucher.

**Coliques par indigestion.** — Météorisation du flanc droit chez le cheval et du flanc gauche chez les ruminants. Les fourrages avariés ou absorbés à l'excès, principalement des légumineuses, trèfle, luzerne, etc., le son donné sec ou mélangé avec de l'avoine, l'eau glacée, l'herbe verte, couverte de gelée blanche, en sont les principales causes.

TRAITEMENT. — Employer l'*Elixir Météorifuge Brum* de la manière suivante. Prendre une cueillerée à soupe d'*Elixir Météorifuge* dans un litre de lait (ou vin rouge à défaut de lait), y ajouter cinq ou six bonnes cueillerées d'huile de lin (à défaut d'huile de lin, employer l'huile ordinaire) et faire prendre par petites gorgées.

**Coliques intestinales**. — Colique rouge, entérite aigüe. Ces coliques se montrent plusieurs heures après le repas. Douleurs excessives, absence de ballonnement du ventre.

TRAITEMENT. — Saignée de 4 à 5 litres pour les gros animaux. Aspersion d'eau bouillante sur tout le corps, sauf la tête. — A l'intérieur : huile d'olive, un litre ; opium extrait, 2 grammes ; tisane de pariétaire ou infusion de foin, 10 litres dans la journée.

Lavements de décoctions de mauve ou de feuilles de bouillon blanc, couvertures chaudes.

RÉGIME : Diète, paille à volonté, avoine cuite. Paille à volonté, avoine cuite à la convalescence.

**Coliques de la rate**. — Douleur peu intense ; l'animal se couche et se relève de temps à autre ; douleurs de la rate, narine rougeâtre ; matières fécales colorées de stries sanguines.

CAUSES : Le passage de l'abstinence à un régime alibile.

TRAITEMENT : Saignée de 3 à 6 litres selon l'intensité du mal. Onguent vésicatoire sur l'hypocondre gauche, sétons au poitrail, tisane de pariétaire, 10 litres par jour.

RÉGIME : Diète, paille à discrétion.

**Coliques des reins**. — Reins très sensibles, voussés en contre-haut, douleurs abdominales sans météorisation, rejet avec les urines de matières sanguinolentes.

TRAITEMENT. — Onctions de liniment ammoniacal sur les reins, administration à l'intérieur de la préparation suivante : deux jaunes d'œufs, 15 grammes de térébenthine de Venise, puis faire couler un litre d'eau tiède en remuant constamment le mélange. Continuer pendant 3 ou 4 jours. Boisson de graine de lin, 10 litres. Lavements de mauve.

**Coliques de la vessie.** — L'animal trépigne, tord les reins, agite la queue; il se campe fréquemment pour uriner et ne rejette chaque fois qu'une très petite quantité de liquide.

TRAITEMENT : Le même que pour les coliques de reins.

**Coliques par suite de hernies étranglées.** — Réduire la hernie et donner ensuite des boissons adoucissantes.

**Coryza ou rhume de cerveau.** — Inflammation de la muqueuse de l'intérieur du nez appelée pituitaire.

TRAITEMENT. — *Type aigu.* — Frictions d'huile d'olive tiède sur le chanfrein et les glandes, applications de tissus de laine autour du cou, fumigations de vapeurs émollientes (mauves, son bouilli) soir et matin pendant cinq minutes.

*Type chronique.* — Huile de laurier sur les glandes et le chanfrein, séton au poitrail ; fumigations matin et soir d'encens pulvérisé projeté sur un réchaud arrivant au nez au moyen d'un sac faisant tuyau et se fermant au-dessus du nez; durée : dix minutes.

**Coup de sang** ou **engorgement du pis des vaches laitières.** — Pour guérir ce malaise, il faut faire bouillir du lierre, y ajouter par litre de lierre bouilli cinq cuillerées de vinaigre, deux cuillerées d'*Elixir* et frictionner trois fois par jour les mamelles de la vache et traire très souvent.

**Dartres**. — Excoriation de la peau, laissant apercevoir une série de petits vésicules d'où découle un liquide jaunâtre qui, en séchant, produit des squames ou écailles.

TRAITEMENT : Se servir de la *Poudre Epidermique*.

MODE D'EMPLOI : Mettre le contenu d'une boîte de *Poudre Epidermique* dans une bouteille ; puis verser par-dessus un demi-litre de bon vinaigre de vin et laver avec cela les dartres trois fois par jour. Si, quand la guérison est venue, il reste du liquide, le garder pour une autre occasion ; il ne se gâte pas en vieillissant, au contraire il se bonifie.

**Diarrhée**. — Maladie de l'intestin caractérisée par l'abondance de matières muqueuses, secrétées et rejetées avec les matières excrémentielles. On l'arrête presque toujours au début, chez le chien, avec 0 gr. 50 d'ipéca. Si elle persiste, administrer de l'eau de riz ou de la tisane de chiendent à discrétion, donner de l'eau de Vichy ou des alcalins à petites doses. Pour les veaux, les poulains et les porcs, faire de la tisane avec de la mélisse, de la menthe sauvage et des feuilles d'oranger et administrer la *Poudre Stomachique Astringente*.

**Dysenterie**. — Maladie de l'intestin caractérisée par l'évacuation de matières mucoso-purulentes mêlées de sang. Repos, diète, boissons farineuses très liquides. Deux fois par jour aux grands animaux : frictions irritantes sur le corps, sinapismes sous le ventre, bonnes couvertures, tisane de Mélisse, menthe sauvage et feuilles d'oranger. Administrer la *Poudre Stomachique Astringente*.

**Epavin galleux**. — Plaque osseuse qui se développe à la surface interne du jarret, au-dessus du canon ; tumeur douloureuse au début, indolente plus tard, boiterie avec abaissement de la hanche.

Traitement : Application unique d'*Onguent fondant* (que l'on trouve dans toutes les pharmacies) additionné de 1 gramme de bi-iodure de mercure par 100 grammes d'onguent.

2º Un mois après, lotion d'alcool avec acide oxatique.

3º Si la boîterie persiste un mois après ce second traitement, cautérisation au fer rouge.

**Fièvre aphteuse** ou **bocotte**. — Cette maladie est contagieuse; elle se produit chez les bœufs et les moutons, rarement chez les porcs. Elle débute par une forte fièvre qui produit la cessation de l'appétit et de la rumination. Le mufle et la langue sont secs, les muqueuses de la bouche sont rouges; chez les vaches laitières, la production du lait diminue beaucoup. Au bout de quelques jours, il se produit dans la bouche des ulcérations qu'on appelle aphtes; il s'en produit aussi aux mamelles et aux onglons des pieds qui parfois tombent parce que les ulcérations amènent le détachement de la corne.

Cette maladie entraîne rarement la mort, mais elle est nuisible au cultivateur parce que, en amenant l'amaigrissement, elle nuit à l'élevage et diminue la production du lait; enfin parce qu'elle entrave les travaux des champs dans les pays où ceux-ci sont exécutés par des bœufs ou des vaches. Quand le mal se produit, il faut d'abord empêcher la contagion. Pour cela, on met à part les animaux malades; on blanchit les murs à la chaux; on lave les crêches et les rateliers avec de l'*Antiseptique* dit *Grésil*; on met de la chaux en poudre aux entrées des écuries, de manière à obliger les animaux à s'en imprégner les pieds; on désinfecte les fumiers avec une solution de sulfate de fer à la dose de 100 grammes par litre d'eau; on traite la bouche et les mamelles avec une solution de borate de soude à la dose de 40 grammes par litre d'eau ; puis on fera sur les parties malades une application d'*Anti-Piétin*.

**Gale**. — Maladie parasitaire produite par un insecte microscopique ressemblant à une araignée et appelé acare. Il en existe plusieurs espèces, ce qui explique la difficulté de transmission du mal d'une race à une autre, du cheval au bœuf, par exemple. La gale est caractérisée par des démangeaisons, une série de petites vésicules laisse suinter un peu de liquide, des cellules épidermiques s'en détachent et avec elles de nombreux acares sont visibles à l'œil nu.

Traitement. — Première partie, nettoyer la peau soit avec du savon noir, soit avec une solution de potasse de commerce, 200 grammes dans 10 litres d'eau. La peau séchée, frictionner comme il est dit dans cette brochure pour les dartres. Comme complément, nettoyage complet des harnais, mangeoires, brosses, etc. ; l'eau de potasse est absolument indispensable ; une seule femelle d'acare ramènerait le mal.

**Gourme**. — Maladie particulière au jeune âge et caraεtérisée par un jetage mucosopurulent sortant des narines et par les abcès dans l'auge et sous les carotides. Fièvre intense, conjonctive, œil larmoyant, appétit nul, démarche pénible, prostration. Des complications peuvent survenir, des abcès se former sur diverses parties du corps et agraver le mal. La gourme est contagieuse.

Traitement. — Fumigations de vapeurs émollientes soir et matin pendant 5 à 10 minutes. Onguent vésicatoire sur les abcès. Médicament pour l'usage interne : 500 grammes de miel, 500 grammes de poudre de réglisse par jour. — Breuvage : Faire bouillir du son pendant une heure, passer et donner à boire le liquide. — Régime : Paille avec un peu d'avoine cuite, 4 à 5 litres par jour.

**Hémorragies**. — Ecoulement du sang.

**Hémorragie capillaire**. — Réfrigérants de toutes formes ; aspersions ou douches froides, application de neige ou de glace pilée, etc. Si ces mesures sont insuffisantes, pansement au perchlorure de fer, ou cautérisation actuelle superficielle. Dans les cas extrêmes, pansements compressifs.

**Hémorragie veineuse**.— Compression directe ou indirecte, ou tamponnement au perchlorure de fer. Quand le vaisseau est volumineux, comme la jugulaire, par exemple, il peut être nécessaire de faire la ligature immédiatement après la dissection.

**Hémorragie artérielle**. — La compression est rarement possible quand le vaisseau est un peu gros. Dans la majorité des cas, il est indispensable de faire une ligature immédiate.

**Hématurie épizootique**. — Hématurie signifie pissement du sang. L'hématurie a des causes diverses, elle peut provenir d'une lésion du rein ou rognon (organe qui secrète l'urine), de la vessie ou des uretères (canaux qui conduisent l'urine du rein à la vessie). Les causes qui occasionnent cette maladie sont multiples : une charge, un fardeau trop lourd, des coups dans le bas de l'épine dorsale, une blessure causée par un instrument aigu, la présence d'un cryptogame ou champignon microscopique qui vit sur le foin vert ou sec suffisent pour provoquer l'hématurie. Contre cette maladie il faut la *Poudre Hemarine*, que l'on trouve chez Ménards frères à Thouars (Deux-Sèvres).

**Inflammation d'intestin**. — Employer la *Poudre tonique, digestive et dépurative*, de Ménard Frères à Thouars (Deux-Sèvres). Le mode d'emploi suit la boîte.

**Javard**. — Furoncle accompagné de fistules se développant sur les parties latérales de la couronne, boiterie intense, chaleur et douleurs accompagnées de tuméfaction, puis plaie avec fistule.

Traitement : Au début, cataplasmes de miel; puis le pus ne contenant plus de grumeaux, injections soir et matin d'alcool phéniqué. Pratiquer à la sole une ouverture correspondant au point malade, en continuant la médication jusqu'à guérison et employer deux fois par jour de l'*Anti-Piétin*.

**Maladie de la Basse-cour**. — Toutes les fermières connaissent le gros jabot. Cette maladie épidémique fait de grands ravages. Quand une basse-cour est atteinte, tout y passe ou plutôt tout y passait. Il n'en est plus ainsi aujourd'hui que l'on a découvert l'*Elixir Météorifuge Brum*.

Cette maladie se caractérise par l'inflammation du jabot qui se gonfle et devient dur comme une pierre. Les volailles atteintes de ce mal périssent en très peu de temps, et il est très rare que des couvées entières n'en soient pas victimes.

Pour éviter ces grandes pertes, il suffit de suivre le conseil que nous indiquons, conseil à la portée de tout le monde, la dépense étant si minime.

Le moyen le plus sûr est de renfermer les oiseaux de basse-cour dans un endroit bien clos, mais en plein air ou tout au moins très aéré.

La nourriture consiste dans une pâtée faite avec du son ou de la repasse, ou farine de maïs, ou bouillie de pommes de terre, à laquelle on ajoutera une cuillerée à café d'*Elixir Météorifuge* par 25 têtes de volailles. Pour les oies et les canards, donner de l'eau propre et mettre 5 ou 6 gouttes dans l'eau.

Pour prévenir la maladie, on peut employer la pâtée ci-dessus à la même dose, une ou deux fois par mois, aux volailles grandes ou petites, ainsi qu'aux lapins et aux autres animaux de basse-cour.

2° Employer aussi le *Remède Goussard*, en vente dans toutes les pharmacies.

**Maladies des chiens.** — Nous avons cru utile de donner quelques renseignements sur les principales maladies des chiens, ainsi que quelques conseils sur la manière de les élever.

*Jeunes chiens.* — Les laisser le plus longtemps possible avec la mère qui, guidée par son instinct, saura à quel moment il faut les sevrer.

Mettre à leur disposition un espace assez vaste et bien exposé où ils pourront prendre leurs ébats. Après le sevrage, les nourrir le plus souvent de soupes au lait, deux fois par semaine une soupe aux légumes et deux autres fois du bouillon de viande dans lequel on hachera cette dernière pour la mélanger intimement au pain. Matin et soir, en hiver, une cuillerée à soupe d'huile de foie de morue; en été, une cuillerée à café de *Glicerophosphate de chaux granulé.*

Si le chien n'habite pas l'appartement, sa niche devra être exposée au soleil levant, surélevée pour ne pas être humide et bien close en hiver.

Il est nécessaire de purger un chien tous les mois.

Lorsque le chien sera *adulte* on ne lui donnera à manger que deux fois par jour, et on aura le soin de lui donner une nourriture nécessaire et suffisante pour qu'il s'entretienne en bon état sans trop engraisser, ce qui pourrait déterminer de la paralysie. Il faudra également une fois par jour le sortir pour qu'il puisse prendre de l'exercice.

**Maladie du jeune âge.** — Elle se manifeste par le manque d'appétit, l'amaigrissement, un écoulement d'humeur par les yeux et par le nez. Si on ne le soigne pas dès le début, il ne tarde pas à se déterminer de l'ataxie locomotrice du train de derrière ; le chien a une démarche vacillante, il tremble sur ses jambes et par moments semble devoir tomber sur le côté.

Faire prendre un vomitif suivi de purgatifs lé-

gers et administrer les *Pilules canines* dont la do
se variera suivant la taille et l'âge de l'animal.

**Jaunisse**. — Cette maladie est due à l'infiltra-
tion de la bile dans les divers tissus du corps ; on
la reconnait à la coloration jaune des muqueuses ;
elle est fréquente et grave chez le chien. Par l'emploi des *Pilules Auti-Ictériques,* on parvient cependant à guérir un grand nombre d'animaux. Il faudra mettre le chien au régime lacté, coupé d'eau
de Vichy et le tenir chaudement.

**Catarrhe des oreilles**. — Le chien porte la
tête penchée et secoue souvent les oreilles ; l'oreille est rouge et gonflée intérieurement, très sensible et contient une matière purulente. Nettoyer
deux fois par jour à l'*Eau boriquée* tiède et tous
les deux jours faire une injection dans l'oreille de
*Solution antiseptique.*

**Puces**. — Bains de *Grécyline* suivis d'une friction avec la *Poudre Insecticide V. L.*

**Rage**. — Le chien paraît inquiet, ne sait pas
où se coucher, cherche fréquemment à boire ;
l'aboiement est modifié. Abattre l'animal.

**Tœnia**. — On s'apercevra de la présence du
tœnia chez le chien aux longs rubans qu'il rendra
en même temps que ses excréments. Il est urgent
de l'en débarasser au plus tôt à cause des maladies qu'il engendre. Faire prendre le *Ténifuge* le
matin, en ayant soin de laisser le chien jeûner la
veille.

**Vers**. — Administrer au chien le *Vermifuge.*
Nous conseillons aussi comme purgation facile à
donner aux chiens et produisant beaucoup d'effet
l'emploi des *Pilules canines.*

**Dartres, Boutons, Maladies de la peau.**
Bains sulfureux tous les deux jours. Administrer

en même temps, matin et soir, *Sirop dépuratif* à doses variables suivant la taille de l'animal.

**Toux**. — Tenir le chien chaudement recouvert d'une couverture. Application de *Cataplasmes sinapisés* ou de *Teinture d'Iode* et faire prendre du du *Sirop Tolu et Desessartz* mélangés. Si l'on n'observe pas d'amélioration sensible après deux jours de traitement, consulter le vétérinaire.

**Maladie des animaux naissants**. — Le cultivateur qui se trouve au fond des campagnes, loin des hommes qui se sont donnés à l'art de guérir, est souvent aux prises avec les plus grandes difficultés, il a besoin d'une grande initiative. S'il ne veut courir à sa ruine, il est forcé d'avoir recours à toutes sortes de moyens pour arracher le bétail à la mort. Il arrive souvent dans nombre de contrées que les veaux, les poulains, les moutons, les cochons, etc., naissent avec une maladie, une sorte de gastro-entérite qui les emporte en deux jours. Ces cas sont très fréquents à l'éleveur, qui voit s'évanouir ainsi la meilleure source des profits, se trouve, à la suite de ces pertes répétées, complètement découragé. Il lui est pénible d'aller à la ville, souvent éloignée, pour consulter les hommes de science, et, pour bien dire, il se figure qu'un vétérinaire ne peut pas faire grand chose pour un naissant. Aussi, considérant les résultats comme problématiques, il trouve son déplacement coûteux et inutile et il se dit : l'*Elixir Météorifuge Brum* est un contre-poison très actif ; pourquoi ne débarasserait-il pas nos nouveaux-nés de toutes les glaires qui causent les graves maladies de nos jeunes animaux ?

Ce raisonnement est juste. Aussi engageons-nous les cultivateurs à se servir de l'*Elixir Météorifuge,* lorsqu'ils se trouveront en présence de semblables accidents. Il suffit de mettre une cuillerée à café d'*Elixir Météorifuge* dans un demi-verre de lait frais, y ajouter une cueillerée d'huile d'olive ou de noix, battre le tout vigoureusement et l'administrer par petites gorgées à l'animal. On peut administrer le traitement deux fois par jour, matin et soir. La même dose suffit pour tous les animaux naissants, soit veaux, poulains, moutons, porcs, etc..

**Maladies du porc.** — Lorsqu'il n'y a pas d'accident dans les porcheries, on peut presque dire que le porc est le trésor de la ferme : mais malheureusement ces animaux sont sujets à des maladies toujours très promptes et très dangereuses. Telles sont par exemple : le rouget, l'angine, la pneumonie, la gastrite, la gastro-entérite, la diarrhée, la vérole, le charbon, les indigestions, les rhumatismes ou gouttes, la jaunisse, les congestions cérébrales partielles ou tournis, le coryza et enfin la dentelée chez les porcelets. Ces maladies, si elles ne sont pas toutes contagieuses et infectieuses, sont toutes mortelles si elles ne sont pas immédiatement combattues par des remèdes énergiques.

Les vétérinaires ne tiennent pas à soigner ces animaux-là, ce client leur déplaît. Nous avons pensé nous rendre utiles à l'industrie agricole en donnant aux cultivateurs le moyen de combattre les maladies nombreuses auxquelles les porcs sont assujettis.

Le but à atteindre était de trouver un remède qui, tout en guérissant les maladies une fois déclarées, préserve des épidémies, en étant administré d'une façon rationnelle. C'est le résultat obtenu par la *Victorieuse*. Jusqu'ici il a été préconisé une foule de remèdes pour traiter les maladies du porc, mais tous sont restés sans donner des résultats sérieux, et ce n'est qu'après de minutieuses observations et de longues études que l'on est arrivé à préparer la *Poudre* et la *Liqueur Victorieuse* qui, administrées à temps et de la façon indiquée pour chaque maladie, amènent toujours la guérison et données en temps d'épidémie, pendant les fortes chaleurs, préviennent les porcs de la contagion.

Aussi nous ne saurions trop recommander au propriétaire-éleveur d'avoir toujours sous la main de la *Victorieuse*, afin de l'administrer à temps et de la façon indiquée plus loin.

MOYENS PRÉVENTIFS : En temps d'épidémies, aérer les porcheries, changer souvent la litière, laver avec un antiseptique le sol qui doit être autant que possible incliné et pratiquer la fumigation sulfureuse. Faire sortir les porcs, verser du soufre sur des charbons ardents et bien fermer toutes les issues ; il se forme un dégagement d'acide sulfurique qui a la propriété de détruire tous les microbes, autrement dit les germes des maladies.

Au bout de deux heures, tout ouvrir et attendre que les vapeurs soient dissipées avant de faire rentrer les porcs. Deux fois par semaine, laver les porcs avec de l'eau fraîche additionnée de *Liqueur Victorieuse ;* on peut aussi les frictionner avec un bouchon de paille trempé dans la solution et ne pas oublier de leur administrer la *Poudre Victorieuse*, à la dose d'une cuillerée à bouche ou demi-cuillerée suivant l'âge des animaux matin et soir, pendant plusieurs jours de suite, afin de préserver les porcs de la contagion.

Dès qu'un porc sera malade, le séparer des autres, assainir la porcherie à l'aide de la fumigation sulfureuse et administrer, suivant le cas, la *Liqueur* ou la *Poudre Victorieuse*.

**Le rouget** appelé aussi *typhus charbonneux, Feu Saint-Antoine, Mal vilain, Mal rouge, Erésypèle épizootique, Erésypèle gangréneux*, est une maladie très fréquente, la plus mortelle des maladies des porcs, tellement contagieuse qu'il n'est pas rare de voir toute une porcherie détruite en quelques heures.

Symptomes : L'animal est abattu, triste, refuse de manger et se fourre sous sa litière qu'il fouille souvent et projette au loin; sa respiration est bruyante, il a de l'enrouement et une grande inflammation des voies respiratoires et des ganglions du cou (ce qui fait confondre le rouget avec l'angine).

On remarquera une grande élévation de la température de tout le corps et surtout de la tête; une diarrhée qui épuise les malades; une espèce de paralysie de l'arrière-train, qui rend la marche chancelante; apparition de taches rouges plus ou moins étendues (qui sont souvent plus visibles après la mort), et accompagnées de petites pustules, principalement au groin, au cou, aux oreilles, au ventre, à la face interne des cuisses. Des lésions plus graves se produisent sur les poumons, les ganglions lymphatiques et les intestins.

Des taches se compliquent très souvent de gangrène (Erésypèle gangréneux) puis amènent la mort de l'animal.

Traitements : Dès l'apparition de la maladie, séparer les malades de ceux qui ne le sont pas, assainir les porcheries à l'aide des lavages antiseptiques, de la fumigation sulfureuse : donner dans du lait ou de l'eau d'orge cinq gouttes de la *Liqueur Victorieuse* pour un porc de un à trois mois, pendant deux jours de suite, et au-dessus de cet âge douze gouttes matin, tantôt et soir, pendant deux jours de suite et, pour faciliter la convalescence, une cuillerée à café matin et soir, pendant trois ou quatre jours consécutifs, de la *Poudre Victorieuse*. Donner des boissons rafraîchissantes, de l'eau d'orge ou graine de lin, coupés avec du lait ou de petit lait; tenir l'animal chaudement, litière sèche et abondante. L'emploi des vaccins a abaissé la mortalité pour le rouget des porcs de 20 pour 100 à 1 1/2 pour 100. Nous ne saurions trop engager les agriculteurs à faire vacciner les porcs, c'est le meilleur moyen.

**L'angine**. — L'angine est une maladie très fréquente et dangereuse qui apparaît subitement et dont le siège est dans l'arrière-bouche.

Inflammation du larynx ou du pharynx et quelquefois des deux. Elle est due aux changements brusques de température, à la sortie trop matinale, alors qu'il y a encore de la rosée ; à l'usage d'eau froide ; aux marches forcées.

SYMPTOMES : L'angine se caractérise par de la fièvre, des frissons ; l'intérieur de la bouche et le groin sont rouges ; la langue est pendante et un peu tuméfiée ; la gorge est excessivement sensible ; la toux est sèche, rauque ; l'animal est très abattu, ne mange pas ; il a de la difficulté à avaler et vomit parfois ; il apparaît, au larynx, une tumeur dure qui s'étend le long du cou jusqu'à la poitrine et qui, de rouge, devient bleuâtre ; elle grossit, empêche la respiration et la mort survient par suffocation.

Dès l'apparition de la maladie, supprimer la nourriture ordinaire et la remplacer par de l'eau blanche, donner pendant trois jours une bonne cuillerée à bouche de *Poudre Victorieuse* dans du lait ou de l'eau de son ; trois fois par jour, matin, tantôt et soir, pendant quatre ou cinq jours suivants. Tenir chaudement ; boissons émollientes et chaudes, bonne litière sèche, passer de la teinture d'iode double autour du cou.

**La pneumonie**. — La pneumonie est l'inflammation des poumons.

SYMPTOMES : Les porcs atteints sont abattus, manquent d'appétit ou ont un appétit capricieux, une grande élévation de température, une soif ardente, des frissons, tremblements et font entendre des grognements plaintifs et faibles ; la toux est sèche et profonde, la respiration difficile, les flancs violemment agités. L'animal fouille souvent la terre et la mort arrive souvent du neuvième au quatorzième jour.

Traitement : Tenir l'animal chaudement. Appliquer un vésicatoire ou un cataplasme de farine de moutarde sur la poitrine, supprimer les aliments et donner pendant quatre ou cinq jours une bonne demi-cuillerée à bouche de *Poudre Victorieuse*, le matin, le tantôt et le soir, et une cuillerée à café matin et soir, pendant huit jours suivants.

**Gastrite, Gastro-Entérite.** — Le porc étant un animal excessivement vorace, est très sujet à ces deux maladies inflammatoires.

Symptomes : Inflammation de la muqueuse de l'estomac et de la muqueuse de l'intestin. Dans ces deux maladies, la langue est rouge, la soif vive, l'appétit manque, le ventre est ballonné et très douloureux; l'animal vomit ses aliments, se couche dans un coin, enfonce son groin dans la litière; il y a souvent constipation.

Traitement : Tenir l'animal chaudement, lui donner à boire de la tisane de graine de lin miellée, lui administrer des lavements à l'eau de graine de lin et lui faire prendre pendant quelques jours, matin et soir, une cuillerée à bouche de *Poudre Victorieuse*.

**La Diarrhée.** — Symptomes : La diarrhée est une maladie inflammatoire caractérisée par la fréquence et la liquidité des évacuations intestinales. Presque toujours, elle s'accompagne d'entérite. La respiration est très fréquente, la bouche et la langue sont sèches, chaudes, la fièvre est intense et les malades maigrissent rapidement.

Traitement : Changer le régime et donner pendant deux ou trois jours une cuillerée à bouche, matin et soir, de *Poudre Victorieuse*. Dans le cas de diarrhée chronique, donner pendant quatre ou cinq jours trois cuillerées à café bien pleines par jour de *Poudre Victorieuse* dans du lait ou de l'eau de son.

Pour favoriser le port chez les truies, on peut administrer la *Poudre Victorieuse* à la dose d'une cuillerée à café matin et soir, trois fois par semaine, pendant la période fœtale.

**La vérole.** — La vérole est une maladie de la peau occasionnée par un échauffement du sang ; elle est caractérisée par la présence sur le corps d'un grand nombre de petits boutons rouges qui produisent une forte démangeaison et de grosses fièvres. Les porcs boivent à tout instant.

TRAITEMENT : Tenir le malade chaudement et lui faire prendre matin et soir, dans un demi-verre de lait ou d'eau sucrée cinq gouttes de *Liqueur Victorieuse* pour les cochons au-dessous de trois mois ; et douze gouttes dans un verre de lait ou d'eau sucrée pour ceux de plus de cet âge. Si la maladie est grave, augmenter la dose d'un quart, de plus administrer une cuillerée à soupe matin et soir, à jeun et dans du lait, de la *Poudre Victo-rieuse*, et la maladie disparaîtra sans laisser de traces. On fait rapidement disparaître les taches en les lavant à l'eau phéniquée.

**Indigestions.** — SYMPTOMES : Il est facile de reconnaître cette indisposition chez le porc, car elle se caractérise par des vomissements et le ventre est légèrement ballonné. Il faut soigner cette maladie sans retard, car elle amènerait fatalement la mort.

TRAITEMENT : Il suffit de faire prendre cinq gouttes d'*Elixir Météorifuge* si le porc est âgé de deux mois et douze gouttes si le malade est plus âgé, dans un demi-verre de lait. Lui faire prendre de la tisane de tilleul ou de menthe.

**Rhumatismes et gouttes.** — L'animal parvient avec beaucoup de peine à se tenir et se lève difficilement ; il crie si on veut l'obliger à faire des efforts soit pour se lever, soit pour marcher.

Quand la maladie se porte sur la colonne vertébrale, l'animal reste sur son train de derrière comme s'il n'avait aucune force dans les reins : on le croirait paralysé. Si c'est dans un membre que la douleur s'est localisée, il est facile de s'en rendre compte par les signes de douleur et le plus souvent le membre malade dépérit. Dès que l'animal donne des signes de cette maladie, il faut administrer la *Poudre Reconstituante* matin et soir, à la dose d'une demi-cuillerée dans du son mouillé, si le porc a moins de deux mois et d'une cuillerée si le porc est plus vieux. Frictionner le trajet des muscles avec un mélange à parties égales d'huile et d'essence de thérébentine ; donner, chaque deux jours, une cuillerée à soupe de *Poudre Victorieuse.*

**La Jaunisse**. — La jaunisse est une maladie de foie qui est plus commune chez le petit porc que chez les adultes. Elle se caractérise par des ballonnements du ventre, l'œil est jaune ainsi que la peau.

TRAITEMENT : Il faut administrer matin et soir, dans un demi-verre de lait, aux jeunes porcs atteints, cinq gouttes d'*Elixir Météorifuge Brum*, et douze gouttes si le cochon a plus de deux mois.

**La congestion cérébrale partielle** ou **le tournis**. — Cette maladie est très commune chez les porcs. On peut même ajouter que c'est une maladie extraordinaire. Pour les gens qui ne sont pas habitués à ce phénomène, ils se croiraient en présence d'animaux atteints de folie. En effet, les cochons qui se trouvent sous l'influence de cette maladie crient, tournent, grimpent le long des murs et tombent. Ces accès sont plus fréquents lorsqu'ils sont sous l'action de la lumière ou s'il se fait du bruit autour d'eux.

TRAITEMENT : Appliquer sur le cou du malade un large vésicatoire : pour cela on rase les poils et on applique de l'*Onguent Vésicatoire*. On trouve cette préparation chez tous les pharmaciens. Il faut faire plusieurs applications de l'*Onguent Vésicatoire* sur la même place. On peut en mettre une fois par jour pendant deux jours de suite. Administrer à l'intérieur cinq gouttes de *Liqueur Victorieuse* dans deux cuillerées de lait si le porc est jeune et douze gouttes si le porc a plus de deux mois.

**Coryza**. — Maladie assez commune à l'espèce porcine. Elle se manifeste par un enchifrènement. On croirait que l'animal atteint ne pourra pas prendre sa respiration. Cette maladie est plus fréquente l'été que l'hiver, à cause de l'action du soleil.

Traitement : Faire de la même manière que pour la maladie du *Tournis* décrite ci-dessus.

**La Dentelée**. — Cette maladie est particulière à l'espèce porcine. Elle n'attaque que les naissants : elles les frappe dès leurs premiers jours. Quelquefois même elle existe déjà au moment de leur naissance. Il est très rare qu'elle attende huit jours à faire son apparition. Il n'est pas démontré qu'elle puisse apparaître plus tard. Au début, cette maladie reste inaperçue si l'on n'ouvre pas la bouche des jeunes gorets afin de s'assurer s'ils n'en sont pas atteints. Si elle existe, on voit de toutes petites membranes sur les bords de la langue. Bientôt, le petit porcelet tète avec difficulté; il saisit avidement le mamelon et il le lâche presque aussitôt ; il rôde autour de sa mère en faisant entendre de petits grognements ; il essaie toujours de reprendre le mamelon, mais il est impuissant à en retirer le lait nécessaire à sa nourriture. Si on ouvre la bouche du petit porc, on voit que les vésicules qui étaient d'abord tous petits et rares ont considérablement augmenté en nombre et en volume;

ils forment un petit cordon offrant l'aspect d'une dentelle qui entourerait le bord de la langue : ce qui a fait donner à cette maladie le nom de dentelée. Les vésicules augmentent et arrivent à atteindre le volume d'une lentille. Rendue à ce degré, la maladie empêche le sujet de prendre sa nourriture. Le petit goret se montre triste, le poil devient terne, hérissé, la peau se raidit. Souvent la diarrhée se déclare et le malade meurt le troisième ou quatrième jour.

TRAITEMENT : On y procède de la façon la plus simple. On ouvre la bouche du malade et, après avoir tiré la langue au dehors, on incise avec des ciseaux le cordon formé à son pourtour et on enlève de même les vésicules qui auraient pu se former à la face interne des joues et du palais. Cette opération terminée, on prend une cuillerée de sel dans un demi-verre de vinaigre et on frictionne les parties malades deux fois seulement et l'animal guérira. Comme on le voit, la dentelée est assez dangereuse.

**Le charbon.** — Le charbon est une maladie mortelle.

SYMPTOMES : L'animal semble être atteint d'une grande lassitude. On remarque sur le corps, mais principalement sur le ventre et sur le cou, de larges taches vineuses. Cette maladie, très contagieuse, se communique avec une grande facilité à l'homme; c'est pourquoi nous recommandons de prendre les plus grandes précautions pour éviter l'inoculation.

TRAITEMENT : Séparer les sujets sains de ceux qui sont contaminés, faire prendre dans un demi-verre de lait huit gouttes de la *Liqueur Victorieuse* aux jeunes porcs et vingt-quatre gouttes aux grands, une fois par jour, pendant deux jours. Purifier et laver les porcheries comme il est dit plus haut. Comme préventif, vacciner les porcs.

**Morve chronique.** — Maladie générale, contagieuse, se développant spontanément chez les solipèdes. Apparition d'un jetage grisâtre par une seule narine, érosions sur la pituitaire, glandes dures, sans douleurs, existant dans l'auge et adhérentes à l'os, fièvre nulle, appétit conservé. Le travail excessif, joint à une mauvaise nourriture, peuvent engendrer la maladie. La contagion agit soit par contact direct, soit par cohabitation des animaux dans une même écurie.

Traitement : La morve chronique est considérée comme incurable; cependant on peut la guérir en la prenant au début. Voici le traitement :

1° Isoler complètement le malade; 2° Fumigation d'encens soir et matin pendant 10 minutes au moins chaque fois. Les mucosités et le jetage sont tellement abondants pendant la fumigation, qu'il faut veiller à ce qu'ils n'éteignent pas les charbons du réchaud, il faut aviver le brasier avec un soufflet et l'entretenir de charbons; 3° Application sur les glandes de pommade de bi-iodure de mercure; 4° Boisson de tisane de feuilles de noyer (10 litres par jour) dans laquelle on fait dissoudre 10 grammes de salicylate de soude.

Régime : Faire prendre de la *Poudre Reconstituante*.

La morve se communique non seulement aux solipèdes, mais aussi à l'homme pour qui elle est mortelle. Il faut donc éviter de toucher au jetage et se laver les mains soigneusement quand on vient de panser l'animal. Cette maladie est considérée comme rédhibitoire avec un délai de neuf jours et est visée par la loi sur la police sanitaire. Si la maladie est à l'état aigu, il faut immédiatement abattre l'animal, désinfecter l'écurie à la chaux vive et brûler les harnais.

**Periosite.** — Inflammation de l'enveloppe

extrême des os (perioste) caractérisée par le gonflement et la sensibilité.

Friction résolutive avec l'*Onguent Fondant.*

**Péripneumonie.** — Inflammation du poumon
et de son enveloppe. Toux, plainte, atténuation du
murmure respiratoire, etc. Plus tard, bruit du
souffle dans le poumon.

**Péripneumonie contagieuse du bœuf.** —
Fréquente à l'état enzootique et épizootique. On a
préconisé pour la combattre un grand nombre
d'agents thérapeutiques dont aucun ne possède les
propriétés spécifiques qu'on leur a attribuées :
nous ne les indiquerons donc pas. Le seul moyen
vraiment économique est l'inoculation pratiquée à
la queue avec la sérosité fraîche puisée dans le
poumon d'une bête malade récemment sacrifiée.

**Ophtalmie.** — L'ophtalmie est une affection de
l'œil caractérisée par le larmoiement de la conjonc-
tivité. Cette affection cause des souffrances excessives et occasionne souvent la cécité si elle n'est
pas soignée dès le début.

Traitement : Maintenir l'animal dans un lieu
obscur et employer le *Collyre.* Aussitôt qu'un
animal est atteint d'une taie sur l'œil, il suffit
d'emplir un tuyau de plume de cette poudre dite
collyre, et la souffler dans l'œil malade. Répéter
cette opération matin et soir jusqu'à disparition de
la taie. Quelques jours de traitement suffisent pour
remettre l'œil dans son état normal.

**Plaies.** — Sonder la plaie et en faire sortir les
corps étrangers s'il y a lieu; si la déchirure est
considérable, rapprocher les lèvres de la plaie au
moyen de quelques points de suture : Lotions fré-
quentes ou irrigations d'eau froide si l'animal a de
la fièvre ; lorsque la fièvre a cessé, faire soir et
matin une injection d'eau phéniquée à 30 grammes
d'acide phénique par litre d'eau.

Traitement : Appliquer sur la plaie, deux fois par jour, la *Pommade Ménard Frères*, à Couars (Deux-Sèvres). Lorsque des vers se montrent dans les plaies, on les détruit en badigeonnant les plaies avec de l'eau phéniquée.

**Poux des animaux**. — Pour les détruire promptement, employer de l'*Insecticide*.

Pour détruire les poux des volailles, mettre des petites branches de redon ou d'ençès sur les perchoirs ou volières.

**Rage**. — Maladie virulente du chien et du chat, transmissible par morsure ou autre mode d'inoculation aux autres animaux et à l'homme. Il n'existe aucun traitement curatif que la méthode de l'éminent Pasteur.

Comme préservatif, abattre les animaux mordus. Pour l'homme, faire saigner la morsure, la laver à grande eau et la cautériser aussitôt que possible avec un caustique potentiel et de préférence avec un fer rouge.

**Taies**. — Tache blanchâtre sur l'œil des animaux. Utiliser le *Collyre Ménard Frères*, comme il a été dit plus haut.

**Vers intestinaux**. — Affection très grave. Il y a trois espèces de ténias, se divisant en seize genres, dont chacun habite le corps d'un animal particulier. Il y a un de ces genres que l'on appelle le *Ténia solum* et qui, chez l'homme, s'appelle le ver solitaire, parce que, le plus souvent, il vit en ermite. Ce qui se passe pour le ténia se passe d'une manière un peu différente pour un grand nombre d'autres espèces d'entozoaires. Quant aux vers qui habitent ailleurs que dans les intestins, voici quelques indications. Il y a chez le mouton un ver qu'on appelle le *Strongle filiaire*, qui a la forme d'un fil ; et chez la chèvre un autre appelé

le *Strongle eirnuleux*, qui vit dans les bronches;
un autre qu'on appelle le *Prinoderme lancéole,* a
été quelquefois découvert dans les cavités nasales
du chien ou du cheval; un autre encore le *Strongle géant*, vit dans les reins des chiens; il en est
qui font leur demeure des canaux qui amènent la
bile du foie dans le duodénum et quelquefois dans
l'intestin grêle. On en trouve aussi dans les yeux
et dans le cerveau : chez le mouton, dans ce der-
nier cas, il amène ce qu'on appelle le tournis.

Les symptômes des coliques vermineuses sont
ceux des autres coliques; ces douleurs sont alter-
nantes, c'est-à-dire qu'elles font souffrir la bête,
puis passent et recommencent. La peau est sèche,
adhérente au corps; le poil est mauvais; la mue
ou changement de poil de saison, ou ne se fait
pas à temps ou se fait incomplètement; signe particulier : l'animal, qui semble comprendre qu'il
porte en lui son ennemi, lèche les murs pour y
prendre du salpêtre, cherche à manger de la terre
ou des substances salées et aime à se frotter la
lèvre supérieure. Quelquefois les vers habitent le
gros intestin et la région de l'anus; alors la bête
cherche à se frotter le derrière pour se débarrasser
de la démangeaison.

Chez le cochon, les vers amènent le dépérisse-
ment, causent une forte toux, provoquent l'évacuation d'excréments mal digérés. L'animal crie
sans motif, va et vient et a parfois des convulsions.

Les chiens sont tristes, abattus; leur poil est
sec, hérissé, terne ; leur corps exhale une mauvaise
odeur; leur démarche est gênée; l'œil est larmoyant; l'animal se frotte le derrière, pousse des
cris plaintifs, des hurlements; il est porté à mordre
et mange aussi de la terre. Il faut prendre garde
tout particulièrement au ténia du chien, parce que
les œufs de ce ver, répandus par terre et mangés
par les moutons, donnent naissance à un des vers

« enkystés » dont il a été parlé plus haut et occasionnent le tournis.

Chez les bêtes à laine, les signes de la vermine
sont très difficiles à discerner des autres symptômes
de maladie. Le plus sûr moyen de reconnaître la
présence des vers, c'est d'examiner attentivement
les excréments des animaux. On trouvera certaine-
ment quelques débris si les animaux sont atteints.

Les remèdes pour les vers s'appellent des vermi-
fuges, mot qui signifie « ce qui fait fuir les vers. »

Mode d'emploi : La liqueur anti-vermineuse s'administre à la dose de trois cuillers à bouche dans
une bouteille de tisane de menthe sauvage ou
d'absinthe, le matin, à jeun, pendant quatre matins, ceci pour les grands animaux. Pour ceux de
six mois à un an, on ne mettra que deux cuillerées
de liqueur dans une bouteille de tisane, à jeun également pendant quatre matins. Pour les animaux
de deux mois à six mois on opèrera de la même
façon, sauf que l'on ne mettra qu'une cuillerée et
demie de liqueur dans une demi-bouteille de tisane. Même emploi pour les animaux de trois semai-
nes à deux mois en ne mettant qu'une cuillerée de
liqueur. Cette dose convient également aux cochons
de six mois à un an, aux moutons et aux chèvres.
Pour un cochon au-dessous de six mois il ne fau-
drait mettre qu'une demi-cuillerée dans un verre
de tisane, toujours pendant quatre matins, à jeun.

**Vertige (fièvre cérébrale).** — L'animal su-
rexcité se cabre, place les pieds dans la mangeoire,
se roule à terre, se frappe la tête contre les corps
environnants. Abandonné à lui-même, il marche
comme égaré, tourne sur place, grince des dents,
épuisé, il entre en sueur, le regard hébété. Après
quelques heures la folie furieuse recommence.
L'ouïe, la vision, sont abolies, le ventre relevé,
l'appétit éteint, la respiration saccadée. L'insola-
tion, un refroidissement subit, les coups portés

sur le crâne, enfin certaines maladies internes en sont les causes.

TRAITEMENT. — Saignée de 3 à 4 litres. Aspersion d'eau bouillante sur tout le corps moins la tête qui est recouverte de liniment irritant. A l'intérieur : purgatifs salins, (sulfate de soude 500 gr. dissous dans 2 litres d'eau), cette même dose pendant 3 jours : Tisane de Valériane une poignée pour 10 litres d'eau. Régime : diète, paille à discrétion.

**Vessigons**. — Tumeur qui se développe le long de la corde du jarret et peut varier depuis la grosseur d'un œuf à celle d'une tête d'enfant, molle dans toute son étendue et insensible à la pression. — Causes : l'hérédité, les tempéraments lymphatiques, les travaux excessifs.

TRAITEMENT : Au début 3 frictions (une par jour) d'un mélange à parties égales d'alcool et d'essence de térébenthine, si le mal persiste, même nombre de frictions à même époque d'un liniment irritant. Dans les cas rebelles, passer 3 fois assez vivement, un fer rouge sur la tumeur, puis la recouvrir d'une couche d'onguent fondant, enfin, comme dernière ressource, la cautérisation au fer rouge.

**De la non-délivrance des vaches**. — Il arrive souvent, en effet, que la vache éprouve des difficultés à délivrer.

TRAITEMENT. — Pour évacuer l'arrière-faix, faire un litre de tisane avec de la rue et faire prendre le matin à jeun.

Sinon faire prendre une fois par jour une cuillerée d'Elixir Météorifuge Brum, dans une bouteille de vin rouge froid jusqu'à ce que résultat soit obtenu.

**Météorisation ou enflure des bestiaux.**
Tout le monde connaît la météorisation ou l'enflu-

re des bestiaux ; elle est toujours caractérisée à l'extérieur par la dilatation et l'élévation des parois abdominales ; le ventre est enflé, ballonné, distendu  Ce phénomène se remarque plus particulièrement du côté gauche. Le flanc gauche s'élève, se gonfle, s'étend avec rapidité ; il résonne comme un tambour lorsqu'on le frappe. L'animal ne rumine plus, ne veut plus prendre de nourriture ; il est inquiet, anxieux et dénote de grandes douleurs.

Terminaison : L'animal, le cou tendu, respire avec beaucoup de difficulté, l'asphyxie est imminente, les vaisseaux de la face s'engorgent et les naseaux sont fortement dilatés, la langue pend hors de la bouche ; les souffrances augmentent à mesure que le ventre se distend davantage ; l'animal rapproche ses membres du centre de gravité, lève l'épine dorsale, il est raide, immobile, le pouls s'efface. L'animal se plaint, ne pouvant se soutenir il tombe, il tremble, et périt dans les convulsions en rendant par la bouche des substances alimentaires bouillonnantes.

Traitement : Si notre *Elixir météorifuge Brum*, n'existait pas, on serait forcé d'avoir recours au trocart pour faire la ponction du rumen, opération qui consiste à faire un trou dans le flanc gauche de l'animal, on perfore le rumen et en même temps les gaz s'échappent par cette ouverture.

Mais les suites sont très funestes : la souffrance, un amaigrissement du sujet, et une suppression complète du lait chez les vaches. Cette opération détermine presque toujours une péritonite quand elle n'est pas faite par une main exercée. Laissons donc de côté cet instrument qui n'a plus sa raison d'être, grâce à notre précieux *Elixir météorifuge Brum*.

Il faut donc attaquer directement les gaz et les faire disparaître pour guérir la Météorisation.

Le moyen est très simple : notre *Elixir météorifuge*, ayant la qualité de dissoudre les gaz contenus dans le rumen de l'animal, aussitôt qu'on le met en contact avec eux, il suffit de verser dans la bouche du malade ce produit qui est aussitôt introduit dans le rumen ; les gaz sont à l'instant condensés, anéantis ; l'animal se trouve alors dans son état le plus naturel.

Mode d'Emploi : Pour obtenir ce résultat, il suffit de prendre une bouteille de la contenance d'un litre, remplissez la bouteille de lait froid, y ajouter deux cuillerées à bouche *d'Elixir météorifuge*, ajoutez-y deux cuillerées de suie de cheminée. battez le tout, et faites prendre par petites gorgées. Si quelquefois l'enflure persistait, administrer une autre potion, mais moitié moins forte que la première.

Après cette dernière potion, jamais aucune météorisation n'a résisté, et, dix minutes après. l'animal est entièrement rétabli.

(A défaut de lait on peut employer l'eau froide.)

Pour les *petits ruminants* de six mois à un an, l'emploi est le même que pour les grands, sauf que la dose est moitié moins forte.

Pour les *moutons* et les *chèvres*, toujours le même emploi, sauf que la dose est moitié moins forte que pour les petits ruminants.

*Espèces chevaline, asine et mulassière.* — Notre *Elixir météorifuge* rend les mêmes services pour l'espèce chevaline, asine et mulassière ; dans les cas d'indigestions gazeuses ou coliques d'estomac, il suffit de mettre dans une bouteille une cuillerée *d'Elixir* et y ajouter 3 autres cuillerées d'huile d'olive, de noix ou de lin, remplir de lait, ou de vin rouge, battre le tout et faire prendre par petites gorgées. Pour les chevaux et mulets au-dessous d'un an, mettre une demi cuillerée dans un demilitre de lait ou de vin, deux cuillerées d'huile et faire prendre comme nous disons ci-dessus.

# Notions utiles et pratiques

**Cataplasmes.** — Le cataplasme de farine de lin, qui est le plus souvent employé, se prérare en délayant de la farine de lin avec de l'eau froide ou tiède et en faisant bouillir jusqu'à consistance voulue ; on place ensuite la pâte entre deux mousselines; s'il est prescrit une addition quelconque, *Laudanum, beaume tranquille, etc.,* on arrose de ces substances la surface du cataplasme avant de l'appliquer. Le cataplasme sinapisé se prépare en saupoudrant légèrement la surface d'un cataplasme de farine de lin tiède avec de la farine de moutarde.

**Injections et lavements.** — Ce sont des lavages pratiqués dans les cavités du corps à l'aide d'injecteurs ou de seringues diverses, on en distingue de plusieurs sortes.

L'injection adoucissante se prépare en faisant bouillir un pavot et de la guimauve dans un litre d'eau et en se servant de cette décoction passée soigneusement dans un linge.

L'injection astringente : une poignée de feuilles de noyer et une cuillerée à bouche d'alun pour un litre d'eau.

L'injection antiseptique : Trois cueillerées à soupe d'acide borique pour un litre d'eau.

Les lavements doivent être administrés à la température du corps (35°) et la quantité est habituellement d'un demi-litre.

**Inhalations.** — Ce sont des fumigations destinées aux voies respiratoires. On se sert d'ean bouillante dans laquelle on verse le médicament à employer. Les vapeurs qui se dédagent sont absorbées en aspirant par la douille d'un entonnoir placé sur le vase contenant l'infusion.

**Sangsues**. — Pour que les sangsues prennent bien, il faut avoir soin de laver à l'eau tiède la place où on doit les poser. Les sangsues sont ensuite placées délicatement dans un petit verre que l'on renverse sur les endroits où elles doivent être posées. Généralement les sangsues tombent d'elles-mêmes, mais si on veut les détacher, on met dessus un peu de sel. Si on veut que l'écoulement continue après enlèvement de la sangsue, on appliquera un cataplasme de farine de lin ; si au contraire on désire arrêter le sang, on recouvrira d'amadou.

**Sinapismes**. — Ne jamais employer ni eau trop chaude, ni alcool, ni vinaigre. Pour l'appliquer, on fait baigner la feuille dans l'eau pendant quelques secondes ; on la pose toute mouillée sur la peau et on la fixe ensuite avec un mouchoir ou bande.

**Tisanes**. — Elles se préparent par infusion, macération et décoction.

*Infusion :* On jette l'eau bouillante sur la substance, on couvre et on laisse en contact pendant dix ou quinze minutes et on passe : fleurs et feuilles.

*Macération :* On laisse en contact la substance avec l'eau froide pendant vingt ou trente minutes ; on passe : quassia amara. gentiane, houblon, quinquina.

*Décoction :* On fait bouillir pendant un temps variable suivant la dureté de la substance, chiendent, salsepareille, guimauve.

**Ventouses.** — Pour placer un ventouse, jeter dans le verre à ventouse, une petite mèche de coton enflammé et appliquer vivement sur la peau, laisser tomber le verre de lui-même. Lorsqu'il y a lieu de scarifier les ventouses, nous conseillons de s'adresser à des personnes compétentes ou à son médecin.

**Vésicatoires**. — Savonner soigneusement la place à l'eau tiède et sécher. On pose ensuite le vésicatoire et on le maintient en contact avec la peau au moyen d'une plaque de coton hydrophile et d'une bande. Le temps pour qu'un vésicatoire produise son effet est variable suivant les personnes. Chez les enfants la durée de l'application est de cinq à six heures, chez les grandes personnes, de dix à douze heures. Lorsque le vésicatoire est appliqué depuis dix heures, on regarde si l'ampoule est formée : dans ce cas on la perce en ayant soin de ne pas enlever la peau. On éponge légèrement avec du coton hydrophile et on aplique dessus du papier brouillard enduit de vaseline boriquée. Si le vésicatoire occasionne une douleur trop vive, on la calmera avec un cataplasme de fécule ou avec de l'eau boriquée.

N.-B. — Ne jamais procéder à une opération si minime soit-elle, ni effectuer aucun pansement sans prendre au préalable la précaution de se savonner soigneusement les mains et de les tremper ensuite dans une solution antiseptique quelconque : eau boriquée, eau phéniquée, solution de sublimé, etc. On ne devra également se servir que de coton hydrophile pour tamponner les plaies.

**Traitement rationnel du goitre**. — Le goitre est une hypertrophie de la glande thyroïde. Cette hypertrophie peut dégénérer en kyste, en tumeur fibreuse. Le goitre parait avoir pour origine l'usage des eaux provenant de la fonte des neiges. Il atteint de préférence les femmes. Il est endemique et héréditaire dans les contrées froides et humides.

Traitement : Le goître comporte un régime hygiénique ; si possible, habiter un local sec et aéré, se servir d'une eau normale, prendre une nourriture saine, puis suivre un traitement dont l'efficacité est incontestée, se composant de baume fondant, que l'on applique tous les soirs, une légère couche sur le goître, et solution antigoîtreuse à prendre deux cuillerées à café, matin et soir, avant les repas.

**Hygiène de l'enfance**. — *Avant la naissance.* L'état de la grossesse, que tant de jeunes femmes redoutent, est un état naturel dont on n'aura à craindre aucune des conséquences si toutefois on veut bien se conformer à toutes les règles d'hygiène et à quelques recommandations particulières.

Dès le début de la grossesse, il sera prudent de faire choix d'un médecin ou d'une sage-femme expérimentés dont on suivra à la lettre les prescriptions. A moins d'avis contraire de leur part, on pourra se conformer aux règles suivantes :

Comme alimentation, rien ne doit être changé au régime habituel, à moins que les fonctions de l'estomac ne soient troublées par des nausées, vomissements, dégouts ; dans ce cas, les futures mamans doivent prendre ce qui leur convient le mieux. Cependant il est prudent de supprimer les aliments trop excitants ou trop épicés ; user avec modération des boissons alcooliques, vin, café, thé, liqueurs, qui ne peuvent qu'être nuisibles pour l'enfant.

*Exercice.* — La jeune maman devra éviter l'extrême fatigue, les mouvements violents, les secousses du corps ; la marche à pied favorise le développement de l'enfant, tout en fournissant à la mère l'air pur qui ne pourra que lui être favorable. Si elle souffre du bas-ventre et des reins, le repos est indispensable. Dans ce cas, il sera prudent de porter une ceinture ventrière bien faite.

Vêtements. — La forme des vêtements ne doit gêner en rien le développement de l'enfant. Le corset doit être supprimé autant que possible et remplacé par une ceinture de grossesse.

Hygiène : Bains. — Sauf indication contraire du médecin espacer les bains pendant les premiers mois ; les prendre courts et tièdes. Au bout de quatre mois de grossesse, on peut les prendre plus souvent, plus chauds et plus longuement.

*Pendant la grossesse.* — La jeune mère devra faire examiner souvent ses urines : au cas où un élément anormal y aurait été constaté, elle devra immédiatement prévenir le médecin ou la sage-femme qu'elle aura choisis.

La constipation devra être également surveillée de très près ; on l'évitera par des laxatifs très doux tels que magnesie anglaise, poudre laxative composée. Les suppositoires à la glycerine pure solidifiée pourront également produire bon effet. Enfin la future maman devra éviter avec soin les émotions violentes, frayeur, colère, inquiétude, chagrin, dont l'organisme du bébé ressentirait le contre-coup.

*Allaitement artificiel.* — Enfin on devra suivre les mêmes règles lorsque, par suite de circonstances, indépendantes de la volonté, l'enfant devra être élevé au biberon seul. Dans ce cas, le meilleur des biberons est la simple bouteille de pharmacie, que l'on peut prendre de 60 grammes pour commencer, de 90 grammes ensuite, 125 grammes, etc., suivant les besoins du corps qui se développe, bonne tetine, une tetine à soupape, pour éviter au tout petit une trop grande fatigue. Les quantités de lait coupé d'eau et de lait varient suivant l'âge.

*Sevrage.* — Quel que soit le mode d'allaitement, vers le 6e ou 7e mois suivant la force de l'enfant, on pourra lui donner une fois, puis deux fois par jour, de petites bouillies très légères faites avec de la farine de froment ou avec de la farine alimentaire phosphatée. Les phosphates sont indispensables à l'organisme, dont ils constituent un élément essentiel ; ils aident à la croissance osseuse et favorisent la poussée des dents. La meilleure farine lactée est la *Phosphatine Fallières.*

Le sevrage se fera ainsi petit à petit, en évitant de le faire, si possible, pendant les grandes chaleurs. En effet, le sevrage est une époque critique ; il ne le faut ni brusque ni prématuré, sous peine d'exposer l'enfant aux plus grands dangers. D'ailleurs le lait devra rester la base de l'alimentation pendant deux ans au moins ; les œufs, les cervelles, le blanc de poulet viendront ensuite et, vers les quatre ou cinq ans, l'enfant pourra manger à peu près comme ses parents, en évitant toutefois la nourriture trop épicée ou échauffante.

*Hygiène.* — Voilà pour la nourriture. Voyons maintenant pour la toilette. Tous les matins, ou au moins trois fois par semaine, il faudra donner à Bébé un grand bain, dont la température sera de 31 à 33°. Si l'enfant est nerveux, y ajouter un peu de tilleul. Durée : 6 à 8 minutes. La tête devra être nettoyée fréquemment pour ne pas laisser s'accumuler les croûtes ou les pellicules.

Bébé devra être changé très souvent pour éviter l'inflammation, et pour l'habituer à la propreté. En cas de rougeurs ou de coupures, employer la poudre « de talc ».

**Traitements d'urgence des empoisonnements les plus fréquents.** — Dans tous les cas, excepté quand il y aura une indication spéciale au tableau ci-dessous, il faut faire vomir dès qu'on soupçonne un empoisonnement. On provoque le vomissement, soit par des procédés mécaniques (introduction des deux doigts dans la bouche), soit avec des vomitifs : poudre d'ipéca, émétique. Si les symptômes d'empoisonnement se déclarent un certain temps après l'absorption de la substance toxique, comme dans certains empoisonnements alimentaires, et qu'il soit naturel de penser que cette substance ait pénétré dans l'intestin, on purge le malade en même temps, ou mieux, on lui administre un lavement purgatif, on donne alors 'antidote d'après les indications ci-après.

I. — *Poisons caustiques.* — Ne pas faire vomir.

Acides sulfuriques, esprit de sel, azotique, acé-
tique. — Faire boire : eau de chaux, eau chargée
de magnésie, et si l'on n'a pas de ces substances
sous la main, faire boire de l'eau de savon.

Alcalins (Potasse, soude, ammoniaque, eau de
Javel). Donner de l'eau vinaigrée à raison de 100
grammes de vinaigre pour 900 grammes d'eau.

Nitrate d'argent ou pierre infernale. Eau salée
eu abondance.

II. — *Poisons minéraux.* — Faire vomir.

Arsenic, sels de mercure, de plomb. Contre-
poison général, lait et eau albumineuse obtenue en
battant quatre blancs d'œufs dans un litre d'eau.

Contre poisons spéciaux à ce groupe, Arsenic.
Magnésie, hydrate de fer, gélatineux donnés lar-
gement.

Plomb et baryte. — 15 grammes de sulfate de
soude dissous dans l'eau, et autant de sulfate de
magnésie.

Émetique· — 2 grammes de tanin dans de l'eau
répétés aussi souvent qu'ils sont rejetés.

Iode. — Amidon et eau à volonté.

III. — *Phosphore.* — Ne pas donner de lait ni de
corps gras. Faire vomir, puis donner 15 à 20 cap-
sules d'essence de térébenthine en 24 heures ;
administrer de grands lavements.

IV. — *Poisons végétaux et alcaloïdes, Belladone,
Jusquiane, Opium, Tabac,* — Vomitif, puis café
très fort, vin rouge, eau iodée.

V.— *Matières alimentaires.* — *Champignons.* —
Faire vomir, grands lavements si le poison a été
absorbé, forte infusion de café, tanin (2 gram.)
eau iodée, vin chaud, boissons alcoolisées.

*Viandes avariées, moules, crevettes, coquillages.* —
Faire vomir ; boissons très abondantes ; infusions
chaudes aromatiques ; quelques gouttes d'éther

**VI.** — *Gaz délétères,* — *Acide carbonique.* — *Oxyde de carbone.* (poëles). — *Gaz d'éclairage.* — Faire respirer l'air frais, inhalations d'oxygène, respiration artificielle, sinapismes, eau fraîche sur le visage.

Enfin, dans tous les cas d'empoisonnements, appeler immédiatement le médecin, en même temps qu'on donne les premiers soins d'urgence.

TARBES
IMPRIMERIE SAINT-JOSEPH
24 BIS, RUE EUGENE-TENOT

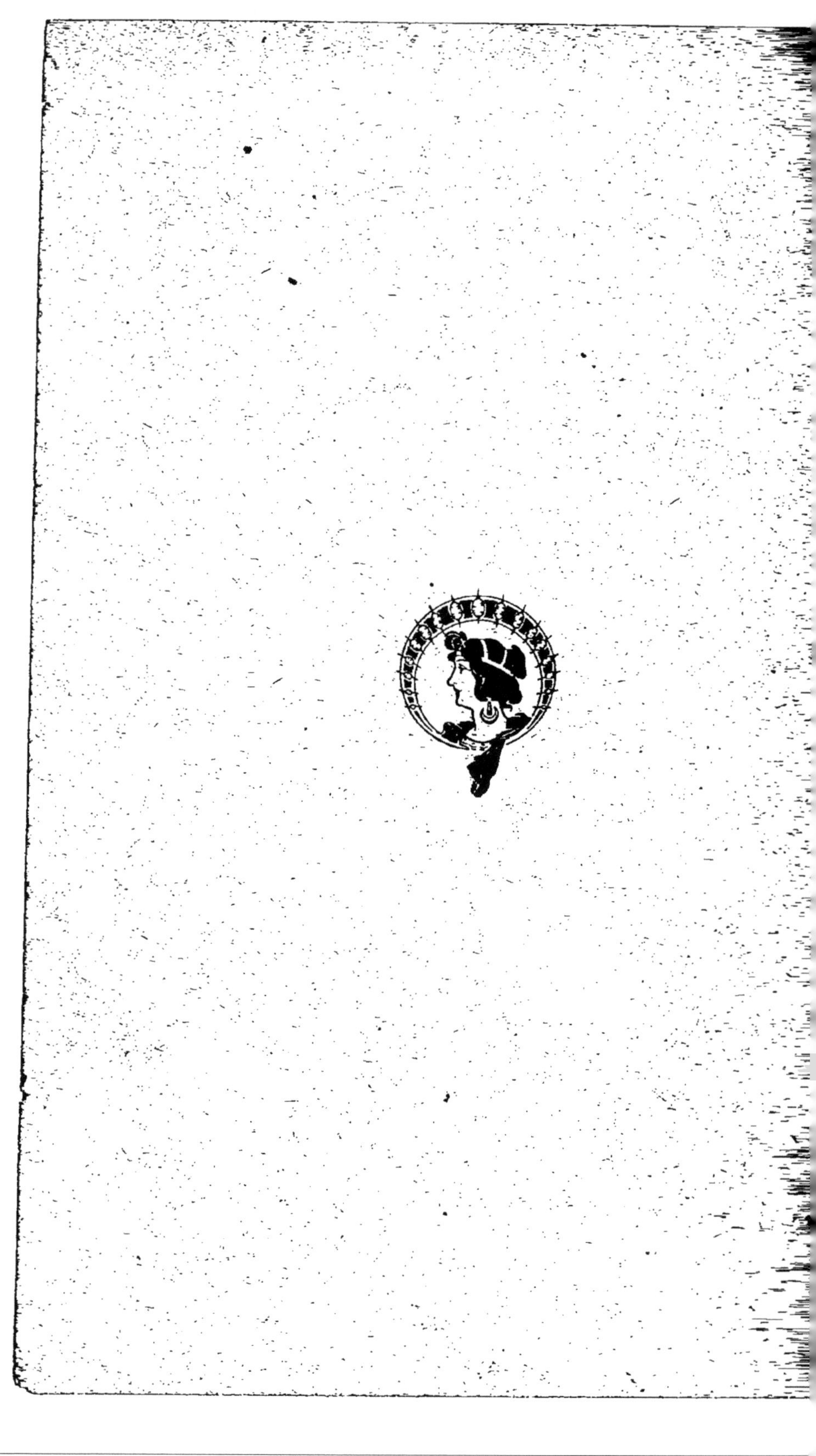